essentials liefern aktuelles Wissen in konzentrierter Form. Die Essenz dessen, worauf es als „State-of-the-Art" in der gegenwärtigen Fachdiskussion oder in der Praxis ankommt. *essentials* informieren schnell, unkompliziert und verständlich

- als Einführung in ein aktuelles Thema aus Ihrem Fachgebiet
- als Einstieg in ein für Sie noch unbekanntes Themenfeld
- als Einblick, um zum Thema mitreden zu können

Die Bücher in elektronischer und gedruckter Form bringen das Expertenwissen von Springer-Fachautoren kompakt zur Darstellung. Sie sind besonders für die Nutzung als eBook auf Tablet-PCs, eBook-Readern und Smartphones geeignet. *essentials:* Wissensbausteine aus den Wirtschafts, Sozial- und Geisteswissenschaften, aus Technik und Naturwissenschaften sowie aus Medizin, Psychologie und Gesundheitsberufen. Von renommierten Autoren aller Springer-Verlagsmarken.

Weitere Bände in der Reihe http://www.springer.com/series/13088

Heinz Klaus Strick

Gesetzmäßigkeiten des Zufalls

Stochastik kompakt

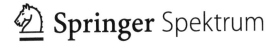

Heinz Klaus Strick
Leverkusen, Deutschland

ISSN 2197-6708   ISSN 2197-6716   (electronic)
essentials
ISBN 978-3-658-25464-3   ISBN 978-3-658-25465-0   (eBook)
https://doi.org/10.1007/978-3-658-25465-0

Die Deutsche Nationalbibliothek verzeichnet diese Publikation in der Deutschen Nationalbibliografie; detaillierte bibliografische Daten sind im Internet über http://dnb.d-nb.de abrufbar.

Springer Spektrum ist ein Imprint der eingetragenen Gesellschaft Springer Fachmedien Wiesbaden GmbH und ist ein Teil von Springer Nature
Die Anschrift der Gesellschaft ist: Abraham-Lincoln-Str. 46, 65189 Wiesbaden, Germany

Was Sie in diesem *essential* finden können

- Gesichtspunkte, nach denen man den Ablauf und das Gesamtergebnis eines Zufallsversuchs untersuchen kann
- Kriterien für die „Zufälligkeit" von Versuchsabläufen und Versuchsergebnissen
- Faustregeln zu den Kriterien
- Beispiele zu allen behandelten Themen

Zu viel der Ehre für das Roulette: Es hat weder Gewissen noch Gedächtnis.
(Joseph Louis François Bertrand, französischer Mathematiker, 1822–1900)

Vorwort

In seinem berühmten Buch *Calcul des probabilités* aus dem Jahr 1888 setzte sich Joseph Bertrand mit dem Irrtum von Roulette-Spielern auseinander, die aus dem Bernoulli'schen *Gesetz der großen Zahlen* die Gewissheit ablesen, dass es bei einem „Übergewicht" von *schwarz* gegenüber *rot* bald zu einem „Ausgleich" kommen *muss.* Manche der irrenden Roulette-Spieler gehen in ihrer Argumentation sogar so weit, dass sie sagen, dass das Roulette einen solchen Ausgleich „schuldig" ist.

Sein Kommentar *Zu viel der Ehre für das Roulette – es hat weder ein Gewissen noch ein Gedächtnis* wurde zum geflügelten Wort für Zufallsvorgänge.

Es mag sein, dass der Zufall kein Gedächtnis hat, aber es gibt (trotzdem) Gesetzmäßigkeiten des Zufalls.

Im Unterschied etwa zu den präzisen Regeln der Algebra sind die meisten dieser Gesetzmäßigkeiten als Wahrscheinlichkeitsaussagen formuliert – und das irritiert viele Menschen, wenn sie sich zum ersten Mal mit solchen Vorgängen beschäftigen.

Im *essential*-Heft *Stochastik kompakt – Einführung in die Beurteilende Statistik* wurden verschiedene Faustregeln vorgestellt, mithilfe derer man überprüfen kann, ob ein gegebenes Stichprobenergebnis eines Zufallsversuchs als „ungewöhnlich" oder als „signifikant abweichend von einem erwarteten Wert" bzw. „… von den zu erwartenden Werten" zu bezeichnen ist.

Die in diesem zweiten Heft von *Stochastik kompakt* vorgestellten Methoden (Binomialtest und Chiquadrat-Anpassungstest) beziehen sich beide auf die *Häufigkeiten,* mit denen einzelne Ergebnisse in einem Zufallsversuch aufgetreten sind.

Diese beiden Methoden werden zu Beginn des vorliegenden Hefts noch einmal kurz vorgestellt; danach folgt die Beschreibung weiterer Verfahren, die zur Überprüfung von Stichprobenergebnissen eingesetzt werden können.

Dazu werden verschiedene Aspekte vorgestellt, unter denen man den Ablauf von Zufallsversuchen bzw. die Zusammensetzung aufeinanderfolgender Versuchsergebnisse auswerten kann:

- Besteht eine Abhängigkeit zwischen den Ergebnissen von aufeinanderfolgenden Versuchsdurchführungen? (Reihentest)
- Ergeben sich besondere „Bilder", wenn man mehrere Versuchsergebnisse zu Ereignissen zusammenfasst und diese insgesamt untersucht? (Maximumtest, Poker-Test)
- Wie oft treten bei einer Versuchsreihe Wechsel zwischen zwei möglichen Ergebnissen auf, wie lang können „Serien" von lauter gleichen Ergebnissen sein? (Runtest)
- Wie lange dauert es, bis sich *ein bestimmtes* Versuchsergebnis wiederholt? (Intervalltest)
- Wie lange dauert es, bis *jedes* der möglichen Versuchsergebnisse mindestens einmal aufgetreten ist? (Sammelbilder-Test)
- Wie lange dauert es, bis *irgendeines* der Versuchsergebnisse zum zweiten Mal auftritt? (Kollisionstest)
- Wie sind die Ergebnisse angeordnet? (Permutationstest)

Die verschiedenen Methoden werden anhand einfach strukturierter Beispiele verdeutlicht. Wie bereits in *Stochastik kompakt – Einführung in die Wahrscheinlichkeitsrechnung* dargestellt, gilt auch in diesem Heft: An einfachen Glücksspielen (wie beispielsweise Münzwurf, Würfeln, Roulette oder Lotto) lassen sich Zusammenhänge leichter verstehen und nachvollziehen; deshalb werden insbesondere solche Beispiele zur Erläuterung herangezogen.

Einige der Gesetzmäßigkeiten des Zufalls wirken paradox. Dass sie paradox wirken, hat etwas mit den Fehlvorstellungen über Zufallsprozesse zu tun, ähnlich wie bei den oben beschriebenen falschen Vorstellungen bzgl. des *Gesetzes der großen Zahlen*: Bei Zufallsversuchen muss es keinen schnellen Ausgleich zwischen den Häufigkeiten gleichwahrscheinlicher Ergebnisse geben.

Es gilt aber auch: Bei Zufallsversuchen wiederholen sich Ergebnisse schneller als vermutet; daher kommt es schneller zu Wiederholungen, als es „dem Gefühl nach" erwartet wird, und es dauert länger, als man vielleicht denkt, bis jedes mögliche Ergebnis mindestens einmal aufgetreten ist.

Die in diesem Heft beschriebenen Testverfahren können dazu beitragen, bessere Vorstellungen über Zufallsvorgänge zu erhalten. Gleichzeitig machen sie deutlich, wie schwierig es ist, sich eine Abfolge von Ergebnissen „auszudenken", die „zufällig" aussehen sollen (beispielsweise beim „Würfeln im Kopf").

Heinz Klaus Strick

Einleitung

Zu den Gesetzmäßigkeiten des Zufalls gehören im Prinzip alle Regeln, mit deren Hilfe Wahrscheinlichkeiten von Ereignissen berechnet werden können. Mit den so bestimmten Zahlenwerten hat man die Möglichkeit, Chancen für das Eintreten der betreffenden Ereignisse in zukünftigen Zufallsversuchen abzuschätzen – absolute Sicherheiten gewinnt man hierdurch allerdings nicht.

In (fast) allen Fällen muss man den Vorbehalt machen, dass (unter Berücksichtigung der Rahmenbedingungen) im Prinzip „alles möglich" ist.

In *Stochastik kompakt – Einführung in die Beurteilende Statistik* wurde am Beispiel der Binomialverteilung die Grundidee des Testens von Hypothesen beschrieben, abschließend wurde erläutert, wie diese Idee zum χ^2-Anpassungstest verallgemeinert werden kann.

Über die grundlegende Strategie des Binomialtests hinaus, bei dem ausschließlich *Häufigkeiten* von Ergebnissen bewertet werden, gibt es weitere Aspekte, den Ablauf und die Ergebnisse von Zufallsversuchen zu beurteilen. Einige der zugrunde liegenden Ideen dieser Testverfahren werden im Folgenden angesprochen.

Zum Einstieg betrachten wir noch einmal die beiden Häufigkeitstests, die im zweiten Heft von *Stochastik kompakt* ausführlich dargestellt wurden.

Inhaltsverzeichnis

Häufigkeitstests 1

Bei den Häufigkeitstests geht es grundsätzlich um die Überprüfung der absoluten und relativen Häufigkeiten, mit denen die verschiedenen möglichen Ergebnisse eines Zufallsversuchs auftreten können. Diese werden mit den zu erwartenden Häufigkeiten, also den jeweiligen Erwartungswerten, verglichen.

1.1 Binomialtest

Zunächst beschränken wir uns auf die sog. **Bernoulli-Versuche,** das sind Zufallsversuche, bei denen wir uns nur für ein bestimmtes Ergebnis interessieren – dieses bezeichnen wir (willkürlich) als *Erfolg,* die übrigen möglichen Ergebnisse des Zufallsversuchs fassen wir zusammen und bezeichnen dieses Ergebnis als *Misserfolg.*

Weiter setzen wir voraus, dass ein *Erfolg* mit einer festen Erfolgswahrscheinlichkeit p eintritt, die sich bei Wiederholung des Versuchs *nicht* ändert.

Beim Binomial-Häufigkeitstest geht es dann um die Frage:

▶ Gibt die Anzahl der Erfolge bei einem n-stufigen Zufallsversuch Anlass, daran zu zweifeln, dass diesem Zufallsversuch die Erfolgswahrscheinlichkeit p zugrunde liegt?

Um zu entscheiden, ob man die *Hypothese über p* verwirft (also als *falsch* ansieht) oder keinen Anlass zum Verwerfen sieht, kann man die sog. **Sigma-Regeln** anwenden. Diese geben Auskunft darüber, in welchen Bereichen die absoluten bzw. relativen Häufigkeiten mit hoher Wahrscheinlichkeit liegen müssten.

© Springer Fachmedien Wiesbaden GmbH, ein Teil von Springer Nature 2019
H. K. Strick, *Gesetzmäßigkeiten des Zufalls,* essentials,
https://doi.org/10.1007/978-3-658-25465-0_1

▶ Sigma-Regeln

Gegeben ist eine n-stufige Bernoulli-Kette mit Erfolgswahrscheinlichkeit p, also mit Erwartungswert $\mu = n \cdot p$ und Standardabweichung $\sigma = \sqrt{n \cdot p \cdot (1 - p)}$, dann kann man die folgenden Wahrscheinlichkeitsaussagen über symmetrische Umgebungen des Erwartungswerts formulieren:

$$P(1{,}96\sigma\text{-Umgebung von } \mu) \approx 95\,\% \qquad P(2{,}58\sigma\text{-Umgebung von } \mu) \approx 99\,\%$$

Diese Faustregeln sind anwendbar, wenn die Standardabweichung $\sigma > 3$ ist (sog. Laplace-Bedingung).

Es ist üblich, absolute Häufigkeiten, die mehr als $1{,}96\sigma$ vom Erwartungswert μ abweichen, als **signifikant abweichend von** μ zu bezeichnen, und solche, die sich von μ um mehr als $2{,}58\sigma$ unterscheiden, als **hochsignifikant abweichend.**

Wie „signifikante" bzw. „hochsignifikante Ergebnisse" von Zufallsversuchen zu interpretieren sind, wird in Heft 2 von *Stochastik kompakt* ausführlich erläutert.

Beispiel: Würfeln

Ein gewöhnlicher Würfel soll 300-mal geworfen. Es soll gezählt werden, wie oft Augenzahl 6 auftritt *(Erfolg).*

Mit $n = 300$, $p = \frac{1}{6}$, $\mu = 300 \cdot \frac{1}{6} = 50$, $\sigma = \sqrt{300 \cdot \frac{1}{6} \cdot \frac{5}{6}} \approx 6{,}45$ ergibt sich $1{,}96 \cdot \sigma \approx 12{,}7$.

Prognose: Mit einer Wahrscheinlichkeit von ca. 95 % wird die Anzahl der Sechsen im Bereich zwischen 38 und 62 liegen.

Falls weniger als 38 Sechsen fallen *oder* mehr als 62 Sechsen, würde man dies als so ungewöhnlich ansehen, dass man Zweifel bekommt, ob dem Zufallsversuch tatsächlich $p = \frac{1}{6}$ zugrunde liegt.

▶ Zweiseitiger Binomialtest

Will man testen, ob einem Bernoulli-Versuch eine bestimmte Erfolgswahrscheinlichkeit p zugrunde liegt, dann bestimmt man zu dieser Erfolgswahrscheinlichkeit p die $1{,}96\sigma$-Umgebung um den Erwartungswert μ und prüft, ob die Anzahl der Erfolge innerhalb der $1{,}96\sigma$-Umgebung liegt oder ob sie außerhalb liegt.

Wenn das Versuchsergebnis außerhalb der $1{,}96\sigma$-Umgebung liegt, dann sieht man das Ergebnis als *signifikant abweichend* an, und man verwirft die Hypothese über die Erfolgswahrscheinlichkeit p. Wenn das Versuchsergebnis innerhalb der $1{,}96\sigma$-Umgebung liegt, hat man keinen Anlass, an der Richtigkeit der Hypothese zu zweifeln.

Diese Faustregel ist anwendbar, wenn für die Standardabweichung σ gilt: $\sigma > 3$.

1.2 Chiquadrat-Anpassungstest

Liegt ein mehrstufiger Zufallsversuch vor, bei dem auf jeder Stufe mehr als zwei verschiedene Ergebnisse mit gleich bleibenden Erfolgswahrscheinlichkeiten auftreten können, dann vergleicht man mithilfe der Prüfgröße χ^2 die Häufigkeiten der einzelnen Ergebnisse mit den *jeweiligen* Erwartungswerten.

▶ Die Prüfgröße χ^2 (Chiquadrat) – Anzahl der Freiheitsgrade

Treten bei einem n-stufigen Zufallsversuch r verschiedene Ergebnisse mit den Wahrscheinlichkeiten p_1, p_2, $p_3,\ldots,p_r$ auf, also mit den Erwartungswerten $\mu_1 = n \cdot p_1$, $\mu_2 = n \cdot p_2$, $\mu_3 = n \cdot p_3$, $\ldots,\mu_r = n \cdot p_r$, dann misst man die Abweichungen der einzelnen absoluten Häufigkeiten x_1, x_2, x_3, $\ldots,x_r$ zu diesen Erwartungswerten mithilfe der Prüfgröße χ^2:

$$\chi^2 = \frac{(x_1-\mu_1)^2}{\mu_1} + \frac{(x_2-\mu_2)^2}{\mu_2} + \frac{(x_3-\mu_3)^2}{\mu_3} + \ldots + \frac{(x_r-\mu_r)^2}{\mu_r}.$$

Kennt man von einem n-stufigen Zufallsversuch mit r verschiedenen Ergebnissen die absoluten Häufigkeiten x_1, x_2, x_3, $\ldots,x_{r-1}$ von $r-1$ Ergebnissen, dann kennt man auch die absolute Häufigkeit des r-ten Ergebnisses, nämlich $x_r = n - (x_1 + x_2 + x_3 + \ldots + x_{r-1})$.

$f = r - 1$ wird als **Anzahl der Freiheitsgrade** bezeichnet.

Beispiel Glücksrad

Ein Glücksrad stoppt mit Wahrscheinlichkeit $p_1 = \frac{1}{3}$ auf einem Sektor, der mit der Zahl 1 beschriftet ist, mit Wahrscheinlichkeit $p_2 = \frac{1}{2}$ auf einem Sektor mit der Zahl 2 und mit Wahrscheinlichkeit $p_3 = \frac{1}{6}$ auf dem Sektor mit der Zahl 4.

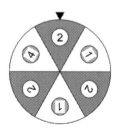

Bei einem konkreten Zufallsversuch wurde das Glücksrad 30-mal gedreht; dabei ergaben sich die Häufigkeiten $x_1 = 8$, $x_2 = 17$ und $x_3 = 5$, erwartet werden die Häufigkeiten $\mu_1 = 30 \cdot \frac{1}{3} = 10$, $\mu_2 = 30 \cdot \frac{1}{2} = 15$ und $\mu_3 = 30 \cdot \frac{1}{6} = 5$. Die Prüfgröße χ^2 hat also den folgenden Wert:

$$\chi^2(8 \ ; \ 17 \ ; \ 5) = \frac{(8-10)^2}{10} + \frac{(17-15)^2}{15} + \frac{(5-6)^2}{5} = \frac{4}{10} + \frac{4}{15} + \frac{1}{5}$$
$$= \frac{12}{30} + \frac{8}{30} + \frac{6}{30} = \frac{26}{30} \approx 0{,}87$$

▶ **χ^2-Anpassungstest**

Will man testen, ob einem Zufallsversuch mit r möglichen Ergebnissen die Erfolgswahrscheinlichkeiten p_1, p_2, p_3, $\ldots, p_r$ zugrunde liegen, dann bestimmt man den Wert der Prüfgröße χ^2 zum Versuchsergebnis $(x_1 \ ; \ x_2 \ ; \ x_3 \ ; \ \ldots ; x_r)$ und vergleicht diesen Wert mit den kritischen Werten der unten stehenden Tabelle.

Ein *insgesamt* signifikant abweichendes Ergebnis liegt vor, wenn der χ^2-Wert des Versuchsergebnisses größer ist als der entsprechende kritische Wert zur betreffenden Anzahl f der Freiheitsgrade.

Diese Faustregel ist anwendbar, wenn für die Anzahl n der Versuchsdurchführungen gilt $n \geq 30$ und für die Erwartungswerte $\mu_k = n \cdot p_k \geq 5$ ($k = 1, 2, 3, \ldots, r$).

Freiheitsgrad $f = r - 1$		1	2	3	4	5	6	7	8
kritischer Wert	95 %	3,84	5,99	7,81	9,49	11,07	12,59	14,07	15,51
von χ^2	99 %	6,63	9,21	11,34	13,28	15,09	16,81	18,48	20,09

Während man bei den oben beschriebenen Verfahren nur die Häufigkeiten am Ende des n-stufigen Zufallsversuchs auswertet, geht es beim sog. **Reihentest** (im Englischen: Serial test) um die Frage, ob möglicherweise Abhängigkeiten zwischen *aufeinanderfolgenden* Versuchsergebnissen existieren.

Dazu betrachtet man Paare oder Tripel von Ergebnissen. Durch die Kombination von Versuchsergebnissen vergrößert sich die Anzahl der möglichen Ergebnisse.

Aber auch dieses Testverfahren ist im Prinzip „nur" ein besonderer Häufigkeitstest.

Die Grundfrage des Tests lautet:

▶ Gibt die Anzahl der Paare (oder Tripel) mit bestimmten Eigenschaften Anlass, daran zu zweifeln, dass dem Zufallsversuch eine bestimmte Wahrscheinlichkeitsverteilung zugrunde liegt?

Beispiel Glücksrad

Bei dem oben beschriebenen Glücksrad treten die Ergebnisse 1, 2 und 4 mit den Wahrscheinlichkeiten $p_1 = \frac{1}{3}$, $p_2 = \frac{1}{2}$ und $p_3 = \frac{1}{6}$ auf.

Wenn die Ergebnisse von aufeinanderfolgenden Versuchen *unabhängig voneinander* sind, dann lassen sich die Wahrscheinlichkeiten der verschiedenen Paare mithilfe der Pfadmultiplikationsregel berechnen, d. h., den möglichen Paaren von Ergebnissen liegen die folgenden Wahrscheinlichkeiten zugrunde:

$$P(1\ ;\ 1) = \frac{1}{3} \cdot \frac{1}{3} = \frac{1}{9}; P(2\ ;\ 2) = \frac{1}{6} \cdot \frac{1}{6} = \frac{1}{36}; P(3\ ;\ 3) = \frac{1}{2} \cdot \frac{1}{2} = \frac{1}{4};$$

$$P(1\ ;\ 2) = \frac{1}{3} \cdot \frac{1}{6} = \frac{1}{18} \text{ und } P(2\ ;\ 1) = \frac{1}{6} \cdot \frac{1}{3} = \frac{1}{18}; P(1\ ;\ 4) = \frac{1}{3} \cdot \frac{1}{2} = \frac{1}{6} \text{ und}$$

$$P(4\ ;\ 1) = \frac{1}{2} \cdot \frac{1}{3} = \frac{1}{6}; P(2\ ;\ 4) = \frac{1}{6} \cdot \frac{1}{2} = \frac{1}{12} \text{ und } P(4\ ;\ 2) = \frac{1}{2} \cdot \frac{1}{6} = \frac{1}{12}.$$

© Springer Fachmedien Wiesbaden GmbH, ein Teil von Springer Nature 2019
H. K. Strick, *Gesetzmäßigkeiten des Zufalls*, essentials,
https://doi.org/10.1007/978-3-658-25465-0_2

Insgesamt handelt es sich also um einen Zufallsversuch mit neun verschiedenen möglichen Ergebnissen, d. h. mit Freiheitsgrad 8. In der Tabelle
oben findet man als kritische Werte $\chi^2 = 15{,}51$ zum 95 %-Niveau und
$\chi^2 = 20{,}09$ zum 99 %-Niveau.

Um die o. a. Faustregeln für alle genannten Kombinationen anwenden zu
können, müsste man das Glücksrad mindestens 181-mal drehen; denn aus den
181 einzelnen Ergebnissen kann man durch Zusammenfassen von je zwei aufeinanderfolgenden Ergebnissen insgesamt 180 Paare bilden. Selbst für das sel-
ten auftretende Paar (2 ; 2) mit $P(2 ; 2) = \frac{1}{6} \cdot \frac{1}{6} = \frac{1}{36}$ ist dann für $n = 181$ die
Bedingung $\mu_k = n \cdot p_k \geq 5$ erfüllt.

Den erforderlichen Aufwand für die Auswertung kann man reduzieren, wenn man
im Beispiel nur die folgenden beiden Ereignisse betrachtet:
E_1: *Das Glücksrad bleibt zweimal hintereinander auf der gleichen Zahl*
     stehen (Pasch)
und
E_2: *Das Glücksrad bleibt nacheinander auf verschiedenen Zahlen stehen.*

Hier gilt $P(E_1) = \frac{1}{9} + \frac{1}{36} + \frac{1}{4} = \frac{14}{36} = \frac{7}{18}$ und $P(E_2) = 1 - \frac{7}{18} = \frac{11}{18}$.

Für die Anwendung der Faustregeln eines Binomialtests (Sigma-Regeln)
genügt bereits eine Versuchsreihe mit 39 Versuchen; hieraus ergeben
sich $n = 38$ Paare aufeinanderfolgender Ergebnisse, sodass wegen
$\sigma = \sqrt{n \cdot p \cdot q} = \sqrt{38 \cdot \frac{7}{18} \cdot \frac{11}{18}} > 3$ die Laplace-Bedingung erfüllt ist.

Allerdings ist bei einem so kleinen Stichprobenumfang der Annahmebereich
A der Hypothese $p = \frac{7}{18}$ vergleichsweise ziemlich groß: Es gilt $A = [9 ; 20]$,
d. h., nur wenn die Anzahl der Pasch-Paare kleiner ist als 9 *oder* größer ist als 20,
würde man die Hypothese auf einem Signifikanzniveau von 5 % verwerfen.

Die Auswertung wird noch aufwendiger, wenn man drei aufeinanderfolgende Ergebnisse zu Tripeln zusammenfasst. Hier wären dann 27 verschiedene Tripel möglich, wobei beispielsweise die Wahrscheinlichkeit für
$P(2 ; 2 ; 2) = \frac{1}{6} \cdot \frac{1}{6} \cdot \frac{1}{6} = \frac{1}{216}$ ziemlich klein ist und daher eine entsprechende
große Anzahl von Versuchsdurchführungen notwendig wäre, um den Versuch mit-
hilfe der Faustregel des χ^2-Anpassungstests auswerten zu können.

Beispiel Münzwurf

Als Beispiel naheliegender als das Glücksrad erscheint der mehrfache Münzwurf, bei dem vier aufeinanderfolgende Ergebnisse möglich sind: WW, WZ, ZW
und ZZ. Diese vier Ergebnispaare sind gleichwahrscheinlich; eine Versuchsauswertung kann mithilfe eines χ^2-Anpassungstests mit Freiheitsgrad 3 erfolgen.

Beispiel Roulette

In der Regel werden in Europa Roulette-Kessel verwendet, die eine Anordnung von Zahlen haben wie in der folgenden Abbildung.

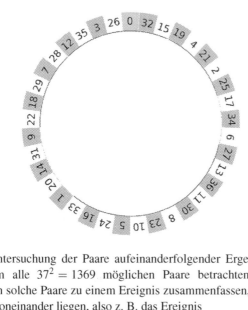

Bei der Untersuchung der Paare aufeinanderfolgender Ergebnisse wird man wohl kaum alle $37^2 = 1369$ möglichen Paare betrachten. Beispielsweise könnte man solche Paare zu einem Ereignis zusammenfassen, die in der Nachbarschaft voneinander liegen, also z. B. das Ereignis

E: Die Roulettekugel bleibt nacheinander in benachbarten Feldern liegen

Beispiel: Die Zahl 0 hat die folgenden „Nachbarn" (je zwei links bzw. rechts vom betrachteten Feld): 3, 26, 32, 15.

Zu diesem so definierten Ereignis E gehören dann $37 \cdot 5$ von insgesamt 37^2 Paaren; die Wahrscheinlichkeit hierfür ist daher $p = P(E) = \frac{5}{37}$. Nimmt man links und rechts je drei Nachbarfelder zu einem Feld hinzu, dann gilt $p = P(E) = \frac{7}{37}$ usw.

Nach jeder durchgeführten Runde kann dann protokolliert werden, ob das Ereignis E oder das Gegenereignis eingetreten ist. Die Auswertung des Protokolls erfolgt dann in der Form eines zweiseitigen Hypothesentests (Binomialtest).

Maximumtest

3

Auch bei diesem Testverfahren wird eine Folge von aufeinanderfolgenden Ergebnissen betrachtet. Bei diesem Testverfahren geht es allerdings um die Frage, auf welcher Position das *Maximum* der Ergebnisfolge liegt. Die Ergebnisse des Zufallsversuchs müssen also Zahlen sein, die man miteinander vergleichen kann.

Im Englischen wird das Testverfahren als *Maximum-of-t-test* bezeichnet, wobei t die Anzahl der aufeinanderfolgenden Ergebnisse angibt.

Geeignet sind insbesondere Ziehvorgänge *ohne Zurücklegen* mit nummerierten Kugeln. Hier dürfte die Position des Maximums eigentlich keine Rolle spielen – man betrachtet also einen Zufallsversuch mit gleichwahrscheinlichen Ergebnissen.

Infrage kommen aber auch Zufallsversuche, bei denen sich Ergebnisse wiederholen können, wie beispielsweise beim Würfeln. Hier müssen Versuchsergebnisse mit zwei oder mehr Maxima gesondert betrachtet werden, vgl. zweites Beispiel.

Hier lautet die Grundfrage des Tests:

▷ Gibt die Häufigkeitsverteilung der Maxima Anlass, daran zu zweifeln, dass dem Zufallsversuch eine bestimmte Wahrscheinlichkeitsverteilung zugrunde liegt?

Beispiel Lotto

Untersucht werden soll, ob es einen Zusammenhang zwischen der Nummer einer Kugel und der Ziehungsreihenfolge gibt. Konkret ermittelt man bei jeder Lottoziehung die jeweils größte Glückszahl einer Ziehungsveranstaltung und die Position in der Ziehungsreihenfolge dieser Zahl.

© Springer Fachmedien Wiesbaden GmbH, ein Teil von Springer Nature 2019
H. K. Strick, *Gesetzmäßigkeiten des Zufalls*, essentials,
https://doi.org/10.1007/978-3-658-25465-0_3

Die Auswertung der 5652 Lottoziehungen im Zeitraum 1955 bis 2017 ergibt:
Die jeweils größte Glückszahl einer Ziehung wurde so oft als erste, zweite, …, sechste Zahl dieser Ziehung gezogen:

Position k	1	2	3	4	5	6
absolute Häufigkeit	934	962	923	958	936	939

Da es (eigentlich) keine Rolle spielt, an welcher der sechs Positionen einer Ziehung die Kugel mit der jeweils größten Gewinnzahl gezogen wird, ergibt sich für jede der sechs Positionen k eine Wahrscheinlichkeit von $p_k = \frac{1}{6}$.
Der Erwartungswert der Anzahl der Ziehungen der größten Zahl auf Position k ist dann jeweils $\mu_k = 5652 \cdot \frac{1}{6} = 942$.
Die Auswertung dieser Häufigkeitsverteilung kann dann mithilfe des χ^2-Anpassungstests mit Freiheitsgrad 5 erfolgen. Die gewichtete Summe der Abweichungsquadrate liegt hier deutlich unter dem kritischen Wert:

$$\chi^2 = \frac{(934-942)^2}{942} + \frac{(962-942)^2}{942} + \frac{(923-942)^2}{942} + \frac{(958-942)^2}{942}$$
$$+ \frac{(936-942)^2}{942} + \frac{(939-942)^2}{942} = \frac{1126}{942} \approx 1{,}20$$

Beispiel Würfeln

Beim 3-fachen Würfeln (also ein Ziehvorgang *mit* Zurücklegen) kann es vorkommen, dass die größte gewürfelte Augenzahl doppelt fällt, sodass man die Position des Maximums nicht angeben kann. Dies gilt auch für den 3-fachen Pasch. Von den $6^3 = 216$ möglichen Tripeln fallen also die sechs möglichen 3-fach-Pasche weg, außerdem:

- wenn Augenzahl 6 doppelt auftritt: 5 mögliche Werte für den dritten Würfel,
- wenn Augenzahl 5 doppelt auftritt und der dritte Wert kleiner ist als 5: 4 mögliche Werte,
- wenn Augenzahl 4 doppelt auftritt und der dritte Wert kleiner ist als 4: 3 mögliche Werte,
- wenn Augenzahl 3 doppelt auftritt und der dritte Wert kleiner ist als 3: 2 mögliche Werte,
- wenn Augenzahl 2 doppelt auftritt und der dritte Wert kleiner ist als 2: 1 möglicher Wert.

Dies sind zusammen $3 \cdot (1 + 2 + 3 + 4 + 5) + 6 = 51$ Fälle, in denen kein Maximum bestimmt werden kann.

Ansonsten kann das *Maximum-of-3* an jeder der drei Positionen mit der gleichen Wahrscheinlichkeit $\left(1 - \frac{51}{216}\right) : 3 = \frac{55}{216}$ stehen:

Position k	1	2	3	sonst
Wahrscheinlichkeit	$\frac{55}{216}$	$\frac{55}{216}$	$\frac{55}{216}$	$\frac{51}{216}$

Eine Auswertung der Häufigkeiten dieser vier Fälle beim 3-fachen Würfeln kann dann mithilfe des χ^2-Anpassungstests mit Freiheitsgrad 3 erfolgen.

Pokertest

4

Beim Pokertest betrachtet man 5-Tupel von Ergebnissen. Dies kann so erfolgen, dass man fünf aufeinanderfolgende Ergebnisse zusammenfasst und dann das „Gesamtbild" dieser fünf Ergebnisse im Stile eines Kartenblatts aus fünf Spielkarten beim Poker auswertet.

Dieses Testverfahren ist im Prinzip anwendbar, wenn ein Zufallsversuch mindestens fünf verschiedene Ergebnisse hat.

Hier lautet die Grundfrage des Tests:

▶ Gibt die Häufigkeitsverteilung bestimmter Ereignisse Anlass, daran zu zweifeln, dass dem Zufallsversuch eine bestimmte Wahrscheinlichkeitsverteilung zugrunde liegt?

Die Auswertung der Ergebnisse kann mithilfe des χ^2-Anpassungstests erfolgen.

Zunächst betrachten wir ein Beispiel, bei dem alle möglichen Einzelergebnisse *gleichwahrscheinlich* sind.

Beispiel Würfeln

Bei dem Spiel mit fünf Würfeln können insbesondere die folgenden „Bilder" auftreten:

- *Paar (one pair):* Zwei Würfel zeigen gleiche Augenzahlen, die übrigen drei Würfel haben davon abweichende und voneinander verschiedene Augenzahlen.
- *Zwei Paare (two pairs):* Zweimal zwei Würfel zeigen zwei unterschiedliche Augenzahlen-Paare; der fünfte Würfel zeigt eine davon verschiedene Augenzahl.

© Springer Fachmedien Wiesbaden GmbH, ein Teil von Springer Nature 2019
H. K. Strick, *Gesetzmäßigkeiten des Zufalls,* essentials,
https://doi.org/10.1007/978-3-658-25465-0_4

- *Dreier (three of a kind):* Drei Würfel zeigen gleiche Augenzahlen, die beiden anderen Würfel haben davon abweichende und voneinander verschiedene Augenzahlen.

Die sonst beim Pokerspiel interessierenden, aber seltener auftretenden Bilder wie beispielsweise *full house, straight, four of a kind* sollen hier nicht weiter betrachtet werden; sie werden zu dem Ergebnis *Sonstige* zusammengefasst.

Die folgende Tabelle enthält Beispiele zu den genannten Bildern sowie die zugehörige Wahrscheinlichkeitsverteilung. Für die Berechnung der Wahrscheinlichkeiten sind kombinatorische Überlegungen notwendig, um unterschiedliche Reihenfolgen der Würfelergebnisse zu berücksichtigen. Auf die Begründung der Terme kann hier nicht näher eingegangen werden.

Bild	Beispiel	Wahrscheinlichkeit
Paar (one pair)	⚀ ⚀ ⚁ ⚁ ⚂	$\frac{1}{6^5} \cdot \binom{5}{2} \cdot 6 \cdot 5 \cdot 4 \cdot 3 \approx 46{,}30\,\%$
Zwei Paare (two pairs)	⚁ ⚁ ⚂ ⚃ ⚂	$\frac{1}{6^5} \cdot \binom{5}{2} \binom{3}{2} \binom{6}{2} \cdot 4 \approx 23{,}15\,\%$
Dreier (three of a kind)	⚄ ⚄ ⚄ ⚁ ⚂	$\frac{1}{6^5} \cdot \binom{5}{3} \cdot 6 \cdot 5 \cdot 4 \approx 15{,}43\,\%$
Sonstige		$15{,}12\,\%$

Treten beispielsweise bei einem 60-fachen Werfen von fünf Würfeln die verschiedenen Bilder mit den in der folgenden Tabelle erfassten absoluten Häufigkeiten auf, dann zeigt die Auswertung mithilfe des χ^2-Anpassungstests (Freiheitsgrad $f = 3$), dass diese Daten keinen Anlass geben, an der Brauchbarkeit der Würfel zu zweifeln:

$$\chi^2(25\,;\,17\,;\,12\,;\,6)$$
$$= \frac{(25-27{,}780)^2}{27{,}780} + \frac{(17-13{,}890)^2}{13{,}890} + \frac{(12-9{,}258)^2}{9{,}258} + \frac{(6-9{,}072)^2}{9{,}072} \approx 2{,}83$$

Bild	absolute Häufigkeit	erwartete Häufigkeit
Paar (one pair)	25	$0{,}4630 \cdot 60 \approx 27{,}780$
Zwei Paare (two pairs)	17	$0{,}2315 \cdot 60 \approx 13{,}890$
Dreier (three of a kind)	12	$0{,}1543 \cdot 60 \approx 9{,}258$
Sonstige	6	$0{,}1512 \cdot 60 \approx 9{,}072$

Das 5-fache Würfeln könnte man ersatzweise auch als 5-faches Ziehen von entsprechend nummerierten Kugeln *mit* Zurücklegen durchführen.

Beim folgenden zweiten Beispiel handelt es sich um einen Ziehvorgang *ohne* Zurücklegen; dies muss bei der Berechnung den Wahrscheinlichkeiten beachtet werden.

Beispiel Lotto

Auch die Lottozahlen-Statistik eines Jahres kann man mithilfe eines speziellen Pokertests überprüfen: Da 49 durch 7 teilbar ist, bietet es sich an, die Menge der Nummern auf den Lottokugeln $\{1, 2, 3, \ldots, 48, 49\}$ in sieben gleich große Teilmengen $\{1, 2, 3, \ldots, 7\}$, $\{8, 9, 10, \ldots, 14\}$, ..., $\{43, 44, 45, \ldots, 49\}$ zu unterteilen (so wie dies auch durch den Tippzettel gegeben ist, vgl. folgende Abbildung).

1	2	3	4	5	6	7
8	9	10	11	12	13	14
15	16	17	18	19	20	21
22	23	24	25	26	27	28
29	30	31	32	33	34	35
36	37	38	39	40	41	42
43	44	45	46	47	48	49

Dann kann man überprüfen, wie oft es vorkommt, dass

- zwei der sechs Glückszahlen einer Ziehung zu *einer* der Teilmengen gehören und die übrigen vier zu jeweils einer anderen *(one pair)*,
- zweimal zwei Glückszahlen zu unterschiedlichen Teilmengen-Paaren gehören und die übrigen beiden zu jeweils einer anderen Teilmenge *(two pairs)*,
- drei Glückszahlen zu *einer* der Teilmengen gehören und die übrigen drei zu jeweils einer anderen *(three of a kind)*.

In der nächsten Tabelle ist die zugehörige Wahrscheinlichkeitsverteilung angegeben.

Bild	Beispiel	Wahrscheinlichkeit
Paar *(one pair)*	{1, 2, 8, 15, 22, 29}	$\dfrac{\left[\binom{7}{2}\binom{7}{1}\binom{7}{1}\binom{7}{1}\binom{7}{0}\binom{7}{0}\binom{7}{0}\right]\binom{7}{1}\binom{6}{4}}{\binom{49}{6}} \approx 37{,}86\,\%$
Zwei Paare *(two pairs)*	{1, 2, 8, 9, 15, 22}	$\dfrac{\left[\binom{7}{2}\binom{7}{2}\binom{7}{1}\binom{7}{1}\binom{7}{0}\binom{7}{0}\binom{7}{0}\right]\binom{7}{2}\binom{5}{2}}{\binom{49}{6}} \approx 32{,}45\,\%$
Dreier *(three of a kind)*	{1, 2, 3, 8, 15, 22}	$\dfrac{\left[\binom{7}{3}\binom{7}{1}\binom{7}{1}\binom{7}{1}\binom{7}{0}\binom{7}{0}\binom{7}{0}\right]\binom{7}{1}\binom{6}{3}}{\binom{49}{6}} \approx 12{,}02\,\%$
Sonstige		17,67 %

Bei den 104 Lottoziehungen des Jahres 2017 gab es folgende Häufigkeiten: 37-mal *one pair*, 30-mal *two pairs* und (überraschend oft, nämlich) 21-mal *three of a kind* auf.

Auswertung mithilfe des χ^2-Anpassungstests (Freiheitsgrad $f = 3$):

$$\chi^2(37\;;\;30\;;\;21\;;\;16)$$

$$= \frac{(37-39{,}37)^2}{39{,}37} + \frac{(30-33{,}75)^2}{33{,}75} + \frac{(21-12{,}50)^2}{12{,}50} + \frac{(16-18{,}38)^2}{18{,}38} \approx 6{,}65$$

Der Wert von χ^2 liegt unterhalb des kritischen Werts von 7,81.

Runtest

Der Runtest ist anwendbar, wenn der Zufallsversuch auf jeder Stufe nur zwei verschiedene Ergebnisse hat, die mit gleichbleibenden Wahrscheinlichkeiten auftreten, oder wenn der Zufallsversuch mehrere unterschiedliche Ergebnisse hat, sodass man aufsteigende und absteigende Teilfolgen unterscheiden kann.

Man betrachtet also eine Folge von Versuchsergebnissen und konzentriert sich dabei auf das Muster, nach dem diese auftreten, den sog. **Runs,** das sind Abfolgen gleichartiger Ergebnisse.

Beispiel Münzwurf

Die Münzwurf-Folge WWZWZZZW besteht aus fünf Runs: einem W-Run der Länge 2, einem Z-Run der Länge 1, einem W-Run der Länge 1, einem Z-Run der Länge 3 und einem W-Run der Länge 1.

Man interessiert sich also sowohl für die **Anzahl der Runs** als auch für die **Länge der Runs.**

Beispiel Würfeln

Die Folge von Augenzahlen 114535665 besteht aus drei Runs von monoton steigenden Zahlen (1145|3566|5), welche die Längen 4, 4 und 1 haben, und aus fünf Runs von monoton fallenden Zahlen (11|4|53|5|665), welche die Längen 2, 1, 2, 1 und 3 haben.

In diesem Heft können wir uns nur mit dem ersten Typ von Runs beschäftigen, also mit Zufallsversuchen mit *zwei* möglichen Ergebnissen. Außerdem müssen wir uns darauf beschränken, den einfachsten Typ mit $p = q = 0{,}5$ zu untersuchen, also Zufallsversuche von der Art des Münzwurfs.

© Springer Fachmedien Wiesbaden GmbH, ein Teil von Springer Nature 2019
H. K. Strick, *Gesetzmäßigkeiten des Zufalls,* essentials,
https://doi.org/10.1007/978-3-658-25465-0_5

Beispiel 3-facher Münzwurf

Beim 3-fachen Werfen einer Münze gibt es $2^3 = 8$ mögliche Folgen; dabei treten 1, 2 oder 3 Runs auf; die Wahrscheinlichkeiten hierfür sind 25 %, 50 % und 25 %, vgl. das folgende Histogramm rechts.

Das Histogramm für die *Anzahl der Runs beim 3-fachen Münzwurf* hat die gleiche Gestalt wie das Histogramm für die *Anzahl der Wappen* beim 2-fachen Münzwurf – nur die Beschriftung der Anzahl-Achse ist um 1 verschoben.

Die Gesamtzahl aller Runs beträgt 16; im Mittel treten also 2 Runs beim 3-fachen Münzwurf auf. 6 der 16 Runs (37,5 %) haben eine Länge von mindestens 2, vgl. die folgende Tabelle.

Münzwurf-folge	Anzahl Runs	Anzahl der Runs mit Länge		
		1	2	3
W W W	1			1
W W Z	2	1	1	
W Z W	3	3		
W Z Z	2	1	1	
Z W W	2	1	1	
Z W Z	3	3		
Z Z W	2	1	1	
Z Z Z	1			1

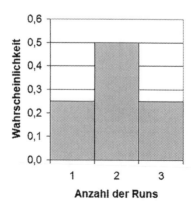

Beispiel 4-facher Münzwurf

Beim 4-fachen Werfen einer Münze gibt es $2^4 = 16$ mögliche Folgen; dabei treten 1, 2, 3 oder 4 Runs auf; die Wahrscheinlichkeiten hierfür sind 12,5 %, 37,5 %, 37,5 % und 12,5 %, vgl. das Histogramm unten.

Das Histogramm für die *Anzahl der Runs beim 4-fachen Münzwurf* hat die gleiche Gestalt wie das Histogramm für die *Anzahl der Wappen* beim 3-fachen Münzwurf – nur die Beschriftung der Anzahl-Achse ist um 1 verschoben.

Die Gesamtzahl aller Runs beträgt 40; im Mittel treten also 2,5 Runs beim 4-fachen Münzwurf auf. 16 der 40 Runs (40 %) haben eine Länge von *mindestens* 2, vgl. die folgende Tabelle.

Münzwurf-folge	Anzahl Runs	Anzahl der Runs mit Länge				Münzwurf-folge	Anzahl Runs	Anzahl der Runs mit Länge			
		1	2	3	4			1	2	3	4
W W W W	1				1	Z W W W	2	1		1	
W W W Z	2	1		1		Z W W Z	3	2	1		
W W Z W	3	2	1			Z W Z W	4	4			
W W Z Z	2		2			Z W Z Z	3	2	1		
W Z W W	3	2	1			Z Z W W	2		2		
W Z W Z	4	4				Z Z W Z	3	2	1		
W Z Z W	3	2	1			Z Z Z W	2	1		1	
W Z Z Z	2	1		1		Z Z Z Z	1				1

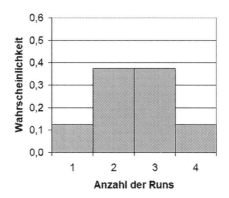

5.1   Anzahl der Runs

Setzt man diese Untersuchungen systematisch fort, dann stellt man fest:

- Die Wahrscheinlichkeitsverteilung der *Anzahl der Runs beim n-fachen Münz-wurf* stimmt bis auf die Beschriftung der Anzahl-Achse überein mit der Wahrscheinlichkeitsverteilung der *Anzahl der Wappen beim* $(n-1)$*-fachen Münzwurf,* vgl. Abb. 5.1.
- Für den Erwartungswert μ_R der Anzahl der Runs beim n-fachen Münzwurf gilt $\mu_R = \frac{1}{2} \cdot (n+1)$. Hieraus kann man herleiten, dass für die Standardab-weichung σ_R gilt: $\sigma_R = \frac{1}{2} \cdot \sqrt{n-1}$.
- Für $n > 37$ ist die Laplace-Bedingung erfüllt, und man kann die Sigma-Re-geln anwenden, um anhand der Anzahl der Runs festzustellen, ob diese Anzahl signifikant vom Erwartungswert $\mu_R = \frac{1}{2} \cdot (n+1)$ abweicht oder nicht.

Beispiel 50-facher Münzwurf

Für $n = 50$ ist $\mu_R = \frac{1}{2} \cdot (50 + 1) = 25{,}5$ und $\sigma_R = \frac{1}{2} \cdot \sqrt{50-1} = 3{,}5$, also $1{,}96 \cdot \sigma_R \approx 6{,}86$.

Mit einer Wahrscheinlichkeit von ungefähr 95 % wird daher die Anzahl der Runs bei einem 50-fachen Münzwurf im Intervall [18; 32] liegen.

Weniger als 18 Runs oder mehr als 32 Runs wären verdächtig!

Im Allgemeinen neigen Menschen, die aufgefordert werden, im Kopf eine Münze 50-mal zu werfen, dazu, öfter zwischen Wappen und Zahl zu wechseln, als dies tatsächlich *zufällig* geschieht.

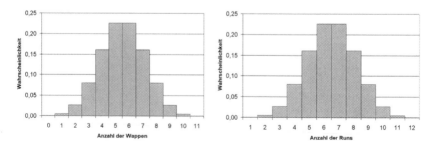

Abb. 5.1 Zusammenhang zwischen Anzahl der Wappen und Anzahl der Runs

5.2   Länge der Runs

Ebenfalls falsch eingeschätzt wird oft die Länge der Runs: Man kann zeigen, dass

- bei einem 5-fachen Münzwurf die Anzahl der Runs, die eine Länge von 3, 4 oder 5 haben, genau 50 % beträgt,
- bei einem 6-fachen Münzwurf die Anzahl der Runs, die eine Länge von 3, 4, 5 oder 6 haben, etwa 59,4 % beträgt,
- bei einem 12-fachen Münzwurf die Anzahl der Runs, die eine Länge von mindestens 4 haben, etwa 54,7 % beträgt,
- ...

vgl. Abb. 5.2.

Beispiel Roulette

Zur Kontrolle eines Roulette-Spielgeräts kann man die Folge der geraden und ungeraden Gewinnfelder *(pair – impair)* notieren; *zero*-Runden lässt man bei der Auswertung weg. Dann kann man beispielsweise für jeweils 12 Spielrunden überprüfen

- die Anzahl der Runs mithilfe eines χ^2-Anpassungstests (Vergleich mit der zugehörigen Wahrscheinlichkeitsverteilung),
- die Anzahl der Runs, die mindestens die Länge 4 haben, mithilfe eines Binomialtests mit $p = 0,547$.

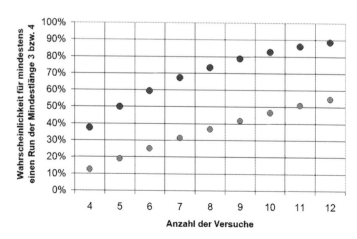

Abb. 5.2 Wahrscheinlichkeit für Runs der Mindestlänge 3 bzw. 4

Intervalltest

6

Mit diesem Testverfahren wird überprüft, wie lange es dauert, bis *ein bestimmtes* Ergebnis wieder auftritt, d. h., man bestimmt die **Länge der Intervalle** zwischen einem Ereignis und der Wiederholung dieses Ereignisses. Im Englischen wird dieses Testverfahren als *Gap test* (*gap* = Abstand) bezeichnet.

Treten ein bestimmtes Ergebnis mit einer festen Wahrscheinlichkeit p (Erfolgswahrscheinlichkeit) auf und die übrigen möglichen Ergebnisse insgesamt mit der Wahrscheinlichkeit $q = 1 - p$, dann kann man wie folgt die sog. **Wartezeitverteilung** bestimmen; die Wahrscheinlichkeiten dieser Wahrscheinlichkeitsverteilung ergeben sich aus der Pfadmultiplikationsregel.

Wartezeit	$k = 1$	$k = 2$	$k = 3$	$k = 4$	$k = 5$	...
Wahrsch.	p	$q \cdot p$	$q^2 \cdot p$	$q^3 \cdot p$	$q^4 \cdot p$	...

Da die in der Tabelle auftretenden Wahrscheinlichkeiten eine geometrische Folge bilden, wird diese Wahrscheinlichkeitsverteilung auch als **geometrische Verteilung** bezeichnet. Diese Verteilung enthält unendlich viele Werte, da es im Prinzip möglich ist, dass man unendlich lange warten muss, bis ein Erfolg eintritt.

Beispiel Münzwurf

Um die Wartezeitverteilung beim Warten auf das Ergebnis *Wappen* (also $p = 0{,}5$) zu ermitteln, überlegt man wie folgt:

$k = 1$: Wappen fällt beim nächsten Wurf mit der Wahrscheinlichkeit $P(W) = 0{,}5$;

© Springer Fachmedien Wiesbaden GmbH, ein Teil von Springer Nature 2019
H. K. Strick, *Gesetzmäßigkeiten des Zufalls,* essentials,
https://doi.org/10.1007/978-3-658-25465-0_6

$k = 2$: Damit die Wartezeit $k = 2$ beträgt, muss beim nächsten Wurf *Zahl* fallen, beim übernächsten Wurf dann *Wappen*, also $P(ZW) = 0{,}5^2$;

$k = 3$: Damit die Wartezeit $k = 3$ beträgt, muss bei den nächsten beiden Würfen *Zahl* fallen und dann erst *Wappen*, also $P(ZZW) = 0{,}5^3$;

usw.

So ergibt sich hier die folgende Wahrscheinlichkeitsverteilung, vgl. die folgende Tabelle. Diese kann auch mithilfe eines Histogramms veranschaulicht werden, vgl. die folgende Abbildung.

Wartezeit	$k = 1$	$k = 2$	$k = 3$	$k = 4$	$k = 5$	...
Wahrsch.	0,5	0,25	0,125	0,0625	0,03125	...

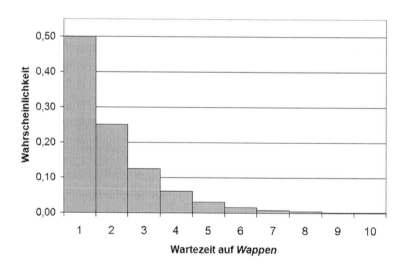

Beispiel Würfeln

Die Wartezeitverteilung beim Warten auf *Augenzahl 1* $\left(p = \frac{1}{6}\right)$ berechnet man analog, vgl. die folgende Tabelle sowie das zugehörige Histogramm (die darunter stehende Abbildung).

Wartezeit	$k = 1$	$k = 2$	$k = 3$	$k = 4$	...
Wahrsch.	$\frac{1}{6} \approx 0{,}167$	$\left(\frac{5}{6}\right)^1 \cdot \frac{1}{6} = \frac{5}{36} \approx 0{,}139$	$\left(\frac{5}{6}\right)^2 \cdot \frac{1}{6} = \frac{25}{216} \approx 0{,}116$	$\left(\frac{5}{6}\right)^3 \cdot \frac{1}{6} = \frac{125}{1296} \approx 0{,}096$	...

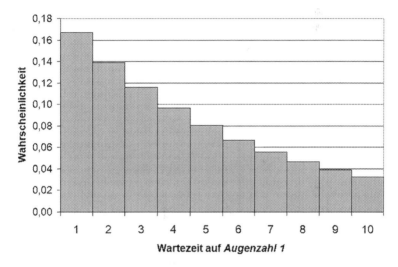

Wartezeit auf Augenzahl 1

Übrigens: $p = \frac{1}{6}$ bedeutet: Die mittlere Wartezeit auf Augenzahl 1 beträgt 6. Man beschreibt diese Eigenschaft auch salopp mit „Jeder sechste Wurf ist eine Eins." (was natürlich nicht wörtlich zu verstehen ist).

Beispiel Lotto

Die Wahrscheinlichkeit, dass eine bestimmte Zahl bei einer Lotto-Ziehung als Glückszahl gezogen wird, beträgt $p = \frac{6}{49}$. Im Mittel dauert es also $\frac{49}{6} \approx 8$ Ziehungen, bis diese bestimmte Zahl wieder gezogen wird. Die Wartezeitverteilung ergibt sich entsprechend wie folgt. Das zugehörige Histogramm ist in der folgenden Abbildung dargestellt.

Wartezeit	$k = 1$	$k = 2$	$k = 3$	$k = 4$	...
Wahrsch.	$\frac{6}{49} \approx 0{,}122$	$\left(\frac{43}{49}\right)^1 \cdot \frac{6}{49} \approx 0{,}107$	$\left(\frac{43}{49}\right)^2 \cdot \frac{6}{49} \approx 0{,}094$	$\left(\frac{43}{49}\right)^3 \cdot \frac{6}{49} \approx 0{,}083$	...

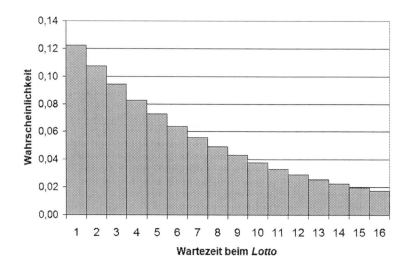

Wartezeit beim Lotto

Die Grundfrage für den Intervalltest lautet:

▷ Entsprechen die tatsächlichen Wartezeiten bis zum Eintreten eines bestimmten Ergebnisses der theoretischen Wartezeitverteilung?

Um dies überprüfen, führt man einen χ^2-Anpassungstest durch.

Da es – wie oben bereits angegeben – im Prinzip unendlich lange dauern kann, bis ein betrachtetes Ergebnis wieder auftritt, müsste man unendlich viele Häufigkeiten mit den zugehörigen Erwartungswerten vergleichen. Nicht nur aus praktischen Gründen beschränkt man sich bei der Untersuchung auf die ersten Werte von k und fasst den Rest der Verteilung zusammen.

Alternativ kann man sich auch auf die folgenden drei Ereignisse beschränken und dann einen χ^2-Anpassungstest mit Freiheitsgrad 2 durchführen:

E_1: Die Wartezeit ist kürzer als die mittlere Wartezeit.
E_2: Die Wartezeit entspricht *ungefähr* der mittleren Wartezeit.
E_3: Die Wartezeit ist länger als die mittlere Wartezeit.

Beispiel Lotto

In der Lottoziehung am 01.01.2014 wurde u. a. die Zahl 6 gezogen. Diese Zahl wurde dann wieder bei der viertnächsten Ziehung, im Folgenden wieder 22 Ziehungen danach, dann bei der folgenden zweiten Ziehung gezogen usw. Als Ende 2017 die Zahl 6 zum 65. Mal gezogen wurde, war dies die 413. Ziehungsveranstaltung seit Beginn des Jahres 2014. Die beobachtete Häufigkeit von 65 Ziehungen einer bestimmten Zahl in 413 Ziehungen liegt deutlich über dem Erwartungswert $\mu = 413 \cdot \frac{6}{49} \approx 51$.

Die Auszählung der Wartezeiten zwischen zwei Ziehungen der Zahl 6 ergab die Häufigkeitsverteilung, die in der folgenden Tabelle enthalten ist. Darunter sind jeweils die zugehörigen Wahrscheinlichkeiten angegeben sowie die sich daraus ergebenden erwarteten Häufigkeiten (65 · 0,122 ≈ 7,96, 65 · 0,107 ≈ 6,98 usw.).

Ob die empirisch ermittelten Häufigkeiten signifikant von den theoretischen Werten abweichen, müsste mithilfe des χ^2-Anpassungstests überprüft werden (in der Tabelle sind die Daten zu 13 Ergebnissen erfasst; für den Freiheitsgrad gilt also $f = 12$).

Wartezeit	1	2	3	4	5	6	7	8	9	10	11	12	> 12
absolute Häufigkeit	9	11	4	8	4	4	3	6	3	4	1	1	7
Wahrscheinlichkeit	0,122	0,107	0,094	0,083	0,073	0,064	0,056	0,049	0,043	0,038	0,033	0,029	0,209
Erwartungswert	7,96	6,98	6,13	5,38	4,72	4,14	3,63	3,19	2,80	2,46	2,16	1,89	13,56

Wir betrachten hier die *alternativ* vorgeschlagene Auswertung mit den drei zusammengefassten Ereignissen:

Wartezeit	< 6	6, 7, 8, 9, 10	> 10
absolute Häufigkeit	36	20	9
Wahrscheinlichkeit	0,480	0,250	0,270
Erwartungswert	31,17	16,22	17,61

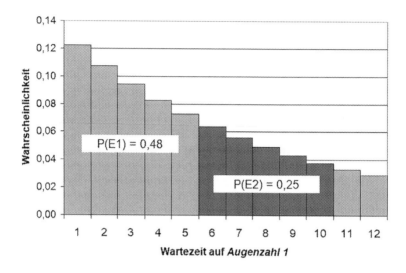

Wartezeit auf *Augenzahl 1*

Für die Prüfgröße χ^2 ergibt sich hier:

$$\chi^2(36\ ;\ 20\ ;\ 9) = \frac{(36-31,17)^2}{31,17} + \frac{(20-16,22)^2}{16,22} + \frac{(9-17,61)^2}{17,61} \approx 5,84$$

Dies liegt (wenn auch knapp) *unterhalb* des kritischen Werts von 5,99; die empirischen Daten geben bei diesem Test also keinen Anlass, an dem ordnungsgemäßen Ablauf der Lottoziehungen zu zweifeln.

Kollisionstest 7

Bei diesem Testverfahren wird untersucht, wie lange es dauert, bis *irgendeines* der möglichen gleichwahrscheinlichen Ergebnisse zum zweiten Mal auftritt. Man betrachtet also nicht (wie beim Intervalltest) ein einzelnes, bestimmtes Versuchsergebnis, sondern wartet darauf, dass *irgendeines* der Ergebnisse sich wiederholt. Dieses Phänomen der Wiederholung eines Ergebnisses gehört zu den stochastischen Alltagsproblemen und ist vor allem unter der Bezeichnung **Geburtstagsparadoxon** bekannt.

▶ **Geburtstagsparadoxon** Wählt man zufällig 23 Personen aus, dann ist die Wahrscheinlichkeit, dass darunter *mindestens zwei Personen* mit gleichem Geburtstag sind, etwas größer als 50 %.

Dass es vorkommen kann, dass unter nur 23 Personen zwei am gleichen Tag Geburtstag haben, wird sicherlich von niemandem bezweifelt; nur, dass die Wahrscheinlichkeit für ein solches Ereignis bereits etwas mehr als 50 % betragen soll, erscheint paradox groß.

Dieses Phänomen der Übereinstimmung von Geburtstagen (oder allgemein von Ergebnissen eines Zufallsversuchs) wird allgemein als **Kollision** bezeichnet.

Wer sich mit dem zugrunde liegenden Problem bisher noch nicht befasst hat, verwechselt vermutlich die Frage

- Wie groß ist die Wahrscheinlichkeit, dass mindestens zwei von 23 zufällig ausgewählten Personen am gleichen Tag Geburtstag haben?

© Springer Fachmedien Wiesbaden GmbH, ein Teil von Springer Nature 2019
H. K. Strick, *Gesetzmäßigkeiten des Zufalls,* essentials,
https://doi.org/10.1007/978-3-658-25465-0_7

mit der ähnlich klingenden Frage

- Wie groß ist die Wahrscheinlichkeit, dass von 23 zufällig ausgewählten Personen mindestens eine Person am gleichen Tag wie ich Geburtstag hat?

Eine Gleichverteilung von Geburtstagen über das Jahr und Unabhängigkeit der Geburtstage der betrachteten Personen untereinander vorausgesetzt, lässt sich die Wahrscheinlichkeit für das zuletzt angesprochene Ereignis leicht berechnen: Diese Wahrscheinlichkeit beträgt tatsächlich nur $23 \cdot \frac{1}{365} \approx 6{,}3\,\%$.

Bei dem hier interessierenden Ereignis geht es aber um die Frage, ob *irgendwelche* zwei (oder sogar mehr als zwei) Personen am gleichen Tag Geburtstag haben. Dazu müsste man alle möglichen Paare von Personen bilden und deren Geburtstage miteinander vergleichen. Bei 23 Personen kann man $\binom{23}{2} = 252$ verschiedene Paare bilden! (zur Berechnung dieser Anzahl der Möglichkeiten vgl. *Stochastik kompakt – Einführung in die Wahrscheinlichkeitsrechnung*, Abschn. 2.3)

Bevor wir die Wahrscheinlichkeitsberechnung für das oben gestellte Problem vornehmen, untersuchen wir ein einfacheres Beispiel.

Beispiel Würfeln

Beim 4-fachen Würfeln bestimmen wir die Wahrscheinlichkeit für das Ereignis
$\overline{E}$: *Bei mindestens zwei der vier Würfe fallen gleiche Augenzahlen.*

Das Gegenereignis hierzu ist
$\overline{E}$: *Bei den vier Würfen fallen lauter verschiedene Augenzahlen.*

In der folgenden Grafik, einem sog. *Übergangsdiagramm*, sind durch die grau gefärbten Kästen die *Zustände* (Zwischenstände) beschrieben.

Zu Beginn ist das Spiel im *Zustand 0* – bisher ist noch keine Zahl gewürfelt worden. Mit Sicherheit (=Wahrscheinlichkeit 1) wird beim ersten Wurf eine Zahl geworfen, die bis dahin noch nicht gefallen ist – dann befindet sich das Spiel im *Zustand 1*.

Die Übergangs-Wahrscheinlichkeit von *Zustand 1* zu *Zustand 2* ist gleich $\frac{5}{6}$, denn mit Wahrscheinlichkeit $\frac{1}{6}$ kann die Augenzahl, die man schon einmal geworfen hat, wieder fallen; usw.

Die Wahrscheinlichkeit für $\overline{E}$ können wir dann aus diesem Übergangsdiagramm ablesen:

$$P\left(\overline{E}\right) = \frac{6}{6} \cdot \frac{5}{6} \cdot \frac{4}{6} \cdot \frac{3}{6} = \frac{60}{216} = \frac{5}{18} \approx 27{,}8\,\%$$

Daher ergibt sich für das Ereignis E die Wahrscheinlichkeit

$$P(E) = 1 - \frac{5}{18} = \frac{13}{18} \approx 72{,}2\,\%$$

Es lohnt sich also, beim 4-fachen Würfeln darauf zu wetten, dass mindestens eine der Augenzahlen (mindestens) doppelt auftritt.

Beispiel Roulette

Wir betrachten acht Runden eines Roulette-Spiels. Gesucht ist die Wahrscheinlichkeit für das Ereignis

E: *Bei mindestens zwei der acht Runden bleibt die Kugel auf dem gleichen Feld liegen.*

Das Gegenereignis hierzu ist

$\overline{E}$: *Die Kugel bleibt in acht Runden auf lauter verschiedenen Feldern liegen.*

Die Wahrscheinlichkeit für $\overline{E}$ ergibt sich analog zum Würfel-Beispiel wie folgt:

$$P\left(\overline{E}\right) = \frac{37}{37} \cdot \frac{36}{37} \cdot \frac{35}{37} \cdot \frac{34}{37} \cdot \frac{33}{37} \cdot \frac{32}{37} \cdot \frac{31}{37} \cdot \frac{30}{37} \approx 44{,}3\,\%$$

Daher ergibt sich für das Ereignis E die Wahrscheinlichkeit

$P(E) \approx 1 - 0{,}443 = 55{,}7\,\%$.

Man ist also leicht im Vorteil, wenn man beim Roulettespiel darauf wettet, dass die Kugel in den nächsten acht Runden mindestens zweimal auf einem gleichen Feld liegen bleibt.

Aus der folgenden Abbildung kann man ablesen, wie die Wahrscheinlichkeit für *mindestens eine Kollision* mit der Anzahl der Spielrunden wächst.

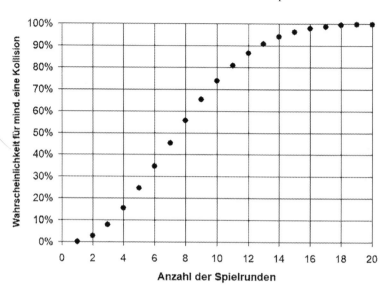

Beispiel Klassisches Geburtstagsproblem

Analog zu den beiden vorangehenden Beispielen ergibt sich:

Die Wahrscheinlichkeit, dass 23 zufällig ausgewählte Personen *lauter verschiedene* Geburtstage haben, beträgt

$$P\left(\overline{E}\right) = \frac{365}{365} \cdot \frac{364}{365} \cdot \frac{363}{365} \cdot \frac{362}{365} \cdot \ldots \cdot \frac{344}{365} \cdot \frac{343}{365} \approx 49{,}3\,\%.$$

Die Wahrscheinlichkeit, dass unter 23 zufällig ausgewählten Personen *mindestens zwei* mit gleichem Geburtstag sind, beträgt

$$P(E) \approx 1 - 0{,}493 = 50{,}7\,\%.$$

Aus der folgenden Abbildung kann man ablesen, wie die Wahrscheinlichkeit für mindestens eine Kollision mit der Anzahl der Personen wächst. Wählt man beispielsweise 41 Personen aus, dann ist die Wahrscheinlichkeit, dass mindestens zwei darunter sind, die am gleichen Tag Geburtstag haben, bereits über 90 %.

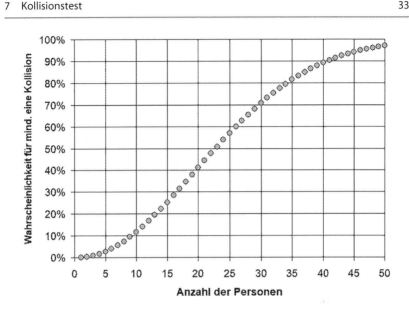

Wenn man allgemein einen Zufallsversuch mit n verschiedenen möglichen gleich-wahrscheinlichen Ergebnissen $(n+1)$-mal durchführt, dann liegt mit Sicherheit (also mit einer Wahrscheinlichkeit von 100 %) mindestens eine Kollision vor.

Interessant sind diejenigen Versuchsanzahlen, bei denen Aussagen über Kollisionen mit vorgegebenen Wahrscheinlichkeiten wie beispielsweise 50 % oder 95 % möglich sind.

Die Grundfrage des Kollisionstests lautet:

▷ Entsprechen die Häufigkeiten, mit denen mindestens eine Kollision vorliegt, der theoretischen Wahrscheinlichkeitsverteilung (die sich aus einer Gleichverteilung der Einzelergebnisse ergibt)?

Auch wenn der Rechenaufwand für die Bestimmung der Wahrscheinlichkeiten nicht allzu groß ist, lohnt es sich, Faustregeln zu formulieren. Auf die Herleitung dieser im Folgenden genannten Faustregeln kann hier nicht näher eingegangen werden.

▶ **Faustregeln für das Geburtstagsproblem** Ein Zufallsversuch mit n verschiedenen gleichwahrscheinlichen Ergebnissen wird k-mal durchgeführt. Dann ist die Wahrscheinlichkeit, dass nach k Stufen mindestens eines der Ergebnisse mindestens zweimal aufgetreten ist,

- nach $k_{50} \approx 1{,}2 \cdot \sqrt{n}$ Stufen ungefähr gleich 50 %,
- nach $k_{75} \approx \frac{5}{3} \cdot \sqrt{n}$ Stufen ungefähr gleich 75 %,
- nach $k_{95} \approx 2{,}4 \cdot \sqrt{n}$ Stufen ungefähr gleich 95 %.

Beispiel Klassisches Geburtstagsproblem

$n = 365$, also $\sqrt{365} \approx 19$.

Das 1,2-Fache von 19 berechnet man am einfachsten so: 20 % von 19 ist ungefähr 4, also $k_{50} \approx 19 + 4 = 23$; das Doppelte hiervon ist: $k_{95} \approx 46$. Weiter gilt: $\frac{5}{3} \cdot \sqrt{365} \approx \frac{95}{3} \approx 32$.

Exakte Wahrscheinlichkeiten: $P(E_{23}) = 50{,}7\,\%$, $P(E_{32}) = 75{,}3\,\%$, $P(E_{46}) = 94{,}8\,\%$

Beispiel Lotto *6 aus 49*

(1) Für jede der $n = 49$ Kugeln ist die Wahrscheinlichkeit, *als Erste* bei einer Ziehungsveranstaltung gezogen zu werden, gleich $\frac{1}{49} \cdot \sqrt{49} = 7$; also $k_{50} \approx 8$, $k_{75} \approx 12$, $k_{95} \approx 17$.
Exakte Wahrscheinlichkeiten: $P(E_8) = 45{,}3\,\%$, $P(E_{12}) = 76{,}9\,\%$, $P(E_{17}) = 95{,}7\,\%$.
(2) Es gibt $n = 13.983.816$ Möglichkeiten, einen Lottotipp abzugeben. $\sqrt{13.983.816} \approx 3740$; also $k_{50} \approx 1{,}2 \cdot 3740 \approx 4488$; exakte Wahrscheinlichkeit: $P(E_{4488}) = 51{,}3\,\%$; bereits für $k = 4404$ gilt: $P(E_{4404}) \approx 50{,}0\,\%$. Eine Kollision ist in der Vergangenheit tatsächlich bereits einmal eingetreten, d. h., es wurden zweimal dieselben sechs Gewinnzahlen gezogen.

Beispiel Roulette

$n = 37$, $\sqrt{37} \approx 6$; also $k_{50} \approx 7$. Das Doppelte hiervon ist: $k_{95} \approx 14$.
Weiter gilt: $\frac{5}{3} \cdot \sqrt{37} \approx \frac{5}{3} \cdot 6 = 10$.
Exakte Wahrscheinlichkeiten: $P(E_7) = 45{,}3\,\%$, $P(E_{10}) = 73{,}7\,\%$, $P(E_{14}) = 94{,}1\,\%$.
Für die jeweils eine um 1 größere Anzahl von Stufen ergibt sich: $P(E_8) = 55{,}7\,\%$, $P(E_{11}) = 80{,}8\,\%$ und $P(E_{15}) = 96{,}3\,\%$.

Den Kollisionstest kann man beispielsweise beim *Roulettespiel* wie folgt anwenden: Man notiert jeweils für die nächsten 8, 10 oder 15 Spielrunden, auf welchen Feldern die Kugel liegengeblieben ist, und erfasst so, ob eine Kollision vorgekommen ist *(Erfolg)* oder nicht *(Misserfolg)*. Die Auswertung erfolgt dann wie bei einem Binomialtest mit $p = 0{,}557$ bzw. $p = 0{,}737$ bzw. $p = 0{,}963$.

Ein fortlaufend protokollierter Zufallsversuch liegt beim Lotto-Spiel vor: Betrachtet man in der im Internet verfügbaren Lotto-Statistik nur die *erste* der sechs gezogenen Zahlen, dann kann man beispielsweise für jeweils 12 Ziehungsveranstaltungen auszählen, ob es zu einer Kollision gekommen ist *(Erfolg* mit Erfolgswahrscheinlichkeit $p = 0{,}75$) oder nicht *(Misserfolg)*.

Sammelbilder-Test

8

Eines der spannendsten stochastischen Alltagsprobleme ist die Untersuchung der Länge von vollständigen Serien – vielleicht besser bekannt als **Sammelbilderproblem**. Das zugehörige Testverfahren wird im Englischen als *Coupon collector's test* bezeichnet.

Wer sich nicht näher mit der Problematik beschäftigt hat, hat vermutlich falsche Vorstellungen, wie lange ein solcher Sammelprozess dauert, bis dann tatsächlich alle Bilder einer Serie vorliegen.

Die Berechnung des Erwartungswerts der Anzahl der notwendigen Stufen bis zum Vorliegen einer vollständigen Serie ist vergleichsweise einfach, die Bestimmung der Wahrscheinlichkeitsverteilung dagegen ziemlich aufwendig.

Beispiel Würfeln

Ein Würfel soll solange geworfen werden, bis jede Augenzahl mindestens einmal gefallen ist – dann liegt eine vollständige Serie der sechs Augenzahlen vor.

Für die Berechnung von Wahrscheinlichkeiten betrachtet man wieder das weiter oben eingeführte Übergangsdiagramm.

Im Mittel dauert der letzte Schritt des Wartens auf eine vollständige Serie am längsten: Da die Übergangs-Wahrscheinlichkeit von *Zustand 5* zu *Zustand 6* gleich $\frac{1}{6}$ ist, benötigt man *im Mittel* 6 Würfe, um das Ziel endgültig zu erreichen!

© Springer Fachmedien Wiesbaden GmbH, ein Teil von Springer Nature 2019
H. K. Strick, *Gesetzmäßigkeiten des Zufalls,* essentials,
https://doi.org/10.1007/978-3-658-25465-0_8

Insgesamt benötigt man *im Mittel*

$$1 + \frac{6}{5} + \frac{6}{4} + \frac{6}{3} + \frac{6}{2} + \frac{6}{1} = 6 \cdot \left(1 + \frac{1}{2} + \frac{1}{3} + \frac{1}{4} + \frac{1}{5} + \frac{1}{6}\right) = 14{,}7 \text{ Würfe},$$

bis eine vollständige Serie der sechs Augenzahlen des Würfels vorliegt.

Auf die Bestimmung der Wahrscheinlichkeiten, dass nach k Würfen eine vollständige Serie vorliegt, kann hier nicht näher eingegangen werden; dies kann iterativ oder mithilfe von sog. *Übergangsmatrizen* erfolgen.

Die folgende Abbildung zeigt, dass diese Wahrscheinlichkeit für das Vorliegen einer vollständigen Serie beim Würfeln ab dem 6. Wurf zunächst sehr stark ansteigt und bereits nach 13 Würfen die 50 %-Marke übersteigt, danach aber deutlich langsamer wächst. Die 90 %-Marke beispielsweise wird erst beim 23. Wurf überschritten.

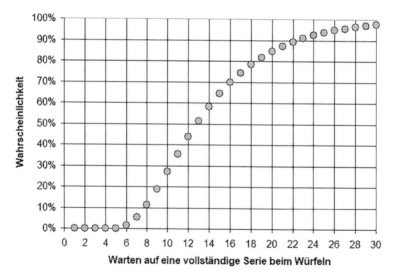

Diese besondere Wartezeitverteilung ist nicht symmetrisch; dies erkennt man daran, dass eine vollständige Serie frühestens nach sechs Würfen vorliegen *kann;* andererseits kann es theoretisch unendlich lange dauern, bis jede Augenzahl mindestens einmal gefallen ist. Aber auch die Eigenschaft, dass der *Mittelwert* und der *Median* der Verteilung nicht übereinstimmen (der Median ist hier stets kleiner als der Mittelwert), belegt die Abweichung von einer symmetrischen Form.

Mittelwert: mittlere Anzahl von notwendigen Versuchen

Median (50 %-Marke): Die Wahrscheinlichkeit, dass man *höchstens* 13-mal würfeln muss, ist (ungefähr) genauso groß wie die Wahrscheinlichkeit, dass man *mehr* als 13-mal würfeln muss.

Wenn der verwendete Würfel in Ordnung ist, wird man also in etwa 50 % der Würfelspiele *mehr* als 13-mal werfen müssen, bis eine vollständige Serie vorliegt, und ungefähr gleich oft genügen *mindestens* 6 und *höchstens* 13 Würfe.

Die Grundfrage des Sammelbildertests lautet:

▷ Entsprechen die tatsächlichen Wartezeiten bis zum Vorliegen einer vollständigen Serie der theoretischen Wahrscheinlichkeitsverteilung, die sich aus der Gleichverteilung der Einzelergebnisse ergibt?

Wenn man die Zufälligkeit eines Vorgangs mithilfe der Eigenschaften des Problems der vollständigen Serie der Länge s untersuchen will, setzt man voraus, dass alle s Ergebnisse mit gleichen Wahrscheinlichkeiten auftreten.

- Erster möglicher Test
  Zu dieser Anzahl s der möglichen Ergebnisse kann man dann den zugehörigen Median Q_2 bestimmen (s. u.) und dann bei der Versuchsauswertung zählen, wie oft man höchstens Q_2 Versuche benötigt hat und wie oft mehr als Q_2 Versuche.
  Die Auswertung kann dann mithilfe eines Binomialtests mit $p = \frac{1}{2}$ erfolgen.

- Zweiter möglicher Test
  Statt des Medians kann man auch andere Quantile betrachten, beispielsweise das erste Quartil Q_1 (25 %-Marke). Entsprechend wird dann die Hypothese $p = \frac{1}{4}$ getestet *(Die Anzahl der notwendigen Versuche ist höchstens gleich Q_1)*. Analog verfährt man mit dem dritten Quartil Q_3 (75 %-Marke) mit $p = \frac{3}{4}$.
  Betrachtet man gleichzeitig alle drei Quartile (Q_1 und Q_3 sowie das zweite Quartil Q_2 = Median), dann hat man vier gleichwahrscheinliche Intervalle, in denen die Anzahl n der notwendigen Versuche bis zum Vorliegen einer vollständigen Serie der Länge s jeweils mit der Wahrscheinlichkeit $\frac{1}{4}$ liegen muss. Dann muss entsprechend ein χ^2-Anpassungstest (Freiheitsgrad $f = 3$) durchgeführt werden.

- Dritter möglicher Test

  Man bestimmt diejenige Anzahl k_{95} bzw. k_{99} der Versuche, die notwendig sind, um mit einer Wahrscheinlichkeit von höchstens 95 % bzw. 99 % eine vollständige Serie vorliegen zu haben.

  Um diese Tests durchführen zu können, ist es erforderlich, die betreffenden Quantile zu kennen.

▶ **Faustregeln zum Problem der vollständigen Serie der Länge s**

Auf empirischen Wege kann man für $6 \leq s \leq 50$ die folgenden Faustregeln finden, mit deren Hilfe die Quartile in guter Näherung ermittelt werden können:

$$Q_1 \approx \tfrac{1}{50} \cdot s \cdot (s + 140) - 10 \qquad Q_2 \approx \tfrac{1}{50} \cdot s \cdot (s + 175) - 10 \qquad Q_3 \approx \tfrac{1}{50} \cdot s \cdot (s + 220) - 10$$

Für das 95 %-Quantil bzw. das 99 %-Quantil gelten näherungsweise die Faustregeln:

$$k_{95} \approx \tfrac{1}{50} \cdot s \cdot (s + 300) - 10 \qquad k_{99} \approx \tfrac{1}{50} \cdot s \cdot (s + 390) - 10$$

Beispiel Sammelbilder

Zu einer Serie von $s = 25$ Bildern, die – nach Angaben des Herstellers – mit gleicher Häufigkeit Schokoladentafeln einer bestimmten Sorte beigefügt sind, ergeben sich für die Quartile damit die folgenden Näherungswerte, vgl. auch die Abbildung unten:

$$Q_1 \approx \tfrac{1}{50} \cdot 25 \cdot (25 + 140) - 10 = 72{,}5$$

$$Q_2 \approx \tfrac{1}{50} \cdot 25 \cdot (25 + 175) - 10 = 90$$

$$Q_3 \approx \tfrac{1}{50} \cdot 25 \cdot (25 + 220) - 10 = 112{,}5$$

$$k_{95} \approx \tfrac{1}{50} \cdot 25 \cdot (25 + 300) - 10 = 152{,}5 \qquad k_{99} \approx \tfrac{1}{50} \cdot 25 \cdot (25 + 390) - 10 = 197{,}5$$

Tatsächlich gilt für die Anzahl k der benötigten Schokoladentafeln bis zum Vorliegen einer vollständigen Serie:

$$P(k \leq 73) \approx 0{,}242 \qquad P(k \leq 90) \approx 0{,}505 \qquad P(k \leq 112) \approx 0{,}767$$

$$P(k \leq 152) \approx 0{,}954 \qquad P(k \leq 197) \approx 0{,}992$$

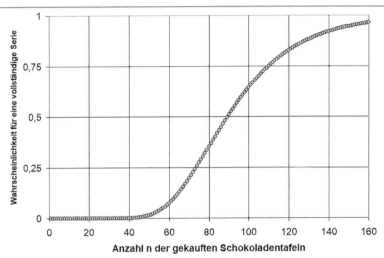

Anzahl n der gekauften Schokoladentafeln

Wir betrachten das Experiment: *n* Personen kaufen jeweils so oft eine Schokoladentafel, bis ihnen alle Sammelbilder vorliegen.

(1) Auswertung des *n*-stufigen Zufallsversuchs mithilfe eines Binomialtests mit $p = \frac{1}{2}$
   Erfolg: Für die Anzahl k der benötigten Schokotafeln gilt: $25 \leq k \leq 90$.
   Misserfolg: Für die Anzahl k der benötigten Schokotafeln gilt: $k > 90$.
   Die Auswertung der Rückmeldungen der *n* Personen hinsichtlich der von ihnen jeweils benötigten Anzahl k von Schokoladentafeln bis zum Vorliegen einer vollständigen Serie erfolgt mithilfe eines Binomialtests mit $p \approx \frac{1}{2}$.

(2) Auswertung des *n*-stufigen Zufallsversuchs mithilfe eines Binomialtests mit $p = 0{,}954$
   Erfolg: Für die Anzahl k der benötigten Schokotafeln gilt: $25 \leq k \leq 90$.
   Misserfolg: Für die Anzahl k der benötigten Schokotafeln gilt: $k > 152$.

(3) Auswertung des *n*-stufigen Zufallsversuchs mithilfe eines χ^2-Anpassungstests mit $p_1 = p_2 = p_3 = p_4 = \frac{1}{4}$ und Freiheitsgrad 3
   E_1: Für die Anzahl k der benötigten Schokotafeln gilt: $25 \leq k \leq 73$.
   E_2: Für die Anzahl k der benötigten Schokotafeln gilt: $74 \leq k \leq 90$.
   E_3: Für die Anzahl k der benötigten Schokotafeln gilt: $91 \leq k \leq 112$.
   E_4: Für die Anzahl k der benötigten Schokotafeln gilt: $k > 112$.

Permutationstest 9

Im Unterschied zu den in den vorangehenden Kapiteln betrachteten Zufallsversuchen ist dieses Testverfahren nur bei Zufallsversuchen anwendbar, die als *vollständiges Ziehen ohne Zurücklegen* durchgeführt werden können.

Wie in Heft 1 von *Stochastik kompakt* erläutert, kann man n Objekte auf $n!$ Arten anordnen. Die $n!$ verschiedenen Anordnungen werden als **Permutationen** einer ursprünglichen Anordnung bezeichnet (*permutare* (lat.) = vertauschen).

Wenn man beispielsweise eine Urne mit n nummerierten Kugeln durch Ziehen ohne Zurücklegen vollständig leert und die gezogenen Kugeln hintereinander anordnet, dann ist jede dieser $n!$ Anordnungen gleichwahrscheinlich.

Da die Anzahl $n!$ sehr schnell wächst, beschränkt man sich beim Permutationstest darauf zu prüfen, wie viele Objekte auch nach der zufälligen Anordnung an ihrer ursprünglichen Position stehen. Bezogen auf die Ziehung der nummerierten Kugeln bedeutet dies: Man interessiert sich für die Fälle, bei denen für *keine* der Kugeln gilt, dass die Kugel-Nummer und die Nummer der Ziehung übereinstimmen. Solche Permutationen werden als **fixpunktfreie Permutationen** bezeichnet.

Das Gegenereignis zu einer fixpunktfreien Permutation liegt vor, wenn bei *mindestens einer* Kugel diese beiden Nummern übereinstimmen. Solche Übereinstimmungen werden als **Rencontre** bezeichnet (frz., Treffen, Begegnung).

Wenn gefragt wird, wie groß die Wahrscheinlichkeit für ein Rencontre ist, ist immer gemeint: die Wahrscheinlichkeit für *mindestens* ein Rencontre.

© Springer Fachmedien Wiesbaden GmbH, ein Teil von Springer Nature 2019   43
H. K. Strick, *Gesetzmäßigkeiten des Zufalls*, essentials,
https://doi.org/10.1007/978-3-658-25465-0_9

Es gibt Alltagssituationen, bei denen man überrascht ist, dass sich dahinter das **Rencontre-Problem** verbirgt:

Beispiel Kartenspiel

Zwei Spieler haben jeweils einen Stapel mit 52 gut gemischten Karten. Beide decken fortlaufend jeweils die oberste Karte ihres Kartenstapels auf. Falls irgendwann die beiden aufgedeckten Karten gleich sind, gewinnt der erste Spieler, sonst der zweite.

Wie groß ist Wahrscheinlichkeit, dass der erste Spieler gewinnt?

Durch die Reihenfolge der Karten im ersten Kartenstapel sind die Kartennummern festgelegt. Der erste Spieler gewinnt, wenn es in dem Spiel (mindestens) ein Rencontre gibt.

Beispiel Wichteln

In der Weihnachtszeit kommt es häufig vor, dass gewichtelt wird, d. h., alle beteiligten Personen bringen ein Geschenk mit einem vereinbarten Wert mit und legen diese in einen Sack, aus dem sich dann nacheinander eine Person nach der anderen ein Päckchen herausnehmen darf.

Kommt es dabei oft vor, dass jemand sein eigenes Geschenk zieht?

Dass eine solche Situation beim Wichteln unerwünscht ist, verhindert nicht, dass dieser Fall vergleichsweise oft eintritt.

Es erscheint paradox, aber die Wahrscheinlichkeit für (mind.) ein Rencontre ist nahezu unabhängig von der Anzahl der betrachteten Objekte:

▶ Faustregel für mindestens ein Rencontre

Für $n \geq 6$ ist die Wahrscheinlichkeit, dass bei der zufälligen Ziehung von n Objekten *kein* Rencontre eintritt, *praktisch* konstant gleich 36,8 %, d. h., die Wahrscheinlichkeit für *mindestens ein* Rencontre beträgt ca. 63,2 %.

Hinweis: Der hier auftretende Anteil von 0,368 ergibt sich aus dem Kehrwert der Euler'schen Zahl $e = 2{,}718281828459\ldots$. Auf eine Begründung dieses Zusammenhangs kann hier nicht eingegangen werden.

Wer sich darüber wundert, dass die Wahrscheinlichkeit für *mindestens ein Rencontre* über 50 % beträgt, der schaue sich den Fall $n = 4$ an:

Es gibt $4! = 4 \cdot 3 \cdot 2 \cdot 1 = 24$ mögliche Permutationen der vier Zahlen 1234 (erste Spalte in der folgenden Tabelle); von diesen sind neun fixpunktfrei – das sind 37,5 % der 24 möglichen Permutationen. Bei 62,5 % der Permutationen tritt also mindestens eine Übereinstimmung auf.

1	2	2	2	3	3	3	4	4	4
2	3	1	4	1	4	4	1	3	3
3	4	4	1	4	1	2	2	1	2
4	1	3	3	2	2	1	3	2	1

Die Grundfrage des Permutationstests lautet also:

▷ Entspricht die Häufigkeit, mit der bei einer zufälligen Anordnung von n Objekten mindestens ein Rencontre auftritt, der zugrundeliegenden Erfolgswahrscheinlichkeit von $p \approx 63{,}2$ %?

Der Permutationstest ist also ein spezieller Binomialtest zur Erfolgswahrscheinlichkeit $p \approx 0{,}632$.

Beispiel Lotto

Wöchentlich finden zwei öffentlich-rechtliche Rencontre-Experimente mit sechs Kugeln statt. Bei den Lottoziehungen am Mittwoch und am Samstag werden zunächst nacheinander sechs der 49 Kugeln gezogen, diese dann anschließend in eine *aufsteigende* Reihenfolge gebracht. Dabei stellt man fest: Nur selten muss *jede* der sechs Kugeln „angefasst" werden, da meistens mindestens eine der Kugeln bereits an der richtigen Stelle liegt.

Im Zeitraum vom 9. Oktober 1955 bis zum 30. Dezember 2017 fanden insgesamt 5652 Ziehungen des Lottospiels *6 aus 49* statt.

Dabei kam es 2107-mal vor, dass alle 6 Kugeln umgesetzt werden mussten – das sind die fixpunktfreien Permutationen.

Anwenden der Sigma-Regeln ergibt: $\mu = 5652 \cdot 0{,}368 \approx 2079$; $1{,}96 \cdot \sigma \approx 71$.

Die Bilanz am Ende des Jahres 2017 gibt also keinen Anlass, an der Zufälligkeit der Ergebnisse der Lottoziehungen zu zweifeln.

Was Sie aus diesem *essential* mitnehmen können

In diesem *essential* haben Sie gelernt,

- dass es über die Häufigkeitsuntersuchungen hinaus weitere Aspekte gibt, nach denen man den Ablauf und das Gesamtergebnis eines Zufallsversuchs untersuchen kann,
- was man unter einem Run, unter einer vollständigen Serie, unter einer Kollision und unter einem Rencontre versteht,
- mit welchen Wahrscheinlichkeiten eine bestimmte Abfolge oder eine bestimmte Anordnung von Ergebnissen eintritt,
- wie lange es mit welchen Wahrscheinlichkeiten dauert, bis
  - *ein bestimmtes* Ergebnis sich wiederholt,
  - *irgendeines* der Ergebnisse sich wiederholt,
  - *jedes* der möglichen Ergebnisse mindestens einmal aufgetreten ist.

© Springer Fachmedien Wiesbaden GmbH, ein Teil von Springer Nature 2019
H. K. Strick, *Gesetzmäßigkeiten des Zufalls,* essentials,
https://doi.org/10.1007/978-3-658-25465-0

Literatur

Henze, N. (2016). *Stochastik für Einsteiger* (11. Aufl.). Heidelberg: Springer Spektrum.

Knuth, D. E. (1981). *The art of computer programming, Band 2: Seminumerical algorithms.* Boston: Addison Wesley.

Strick, H. K., et al. (2003). *Elemente der Mathematik SII – Leistungskurs Stochastik.* Braunschweig: Schroedel.

Strick, H. K. (2008). Zufall oder kein Zufall? In W. Herget (Hrsg.), *Wege in die Stochastik.,* Mathematik lehren Sammelband Seelze: Erhard Friedrich.

Strick, H. K. (2019). Faustregeln für das Sammelbilder-Problem. www.mathematik-ist-schoen.de.

© Springer Fachmedien Wiesbaden GmbH, ein Teil von Springer Nature 2019   49
H. K. Strick, *Gesetzmäßigkeiten des Zufalls,* essentials,
https://doi.org/10.1007/978-3-658-25465-0

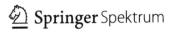

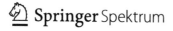
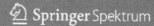

Printed in the United States
By Bookmasters